中国古代科技历史档案

造纸术

四大发明的古往今来

张文杰 杨迎春 孙 扬◎编著

曾博文◎插图

上海交通大学出版社
SHANGHAI JIAO TONG UNIVERSITY PRESS

内容提要

本书从中国古代四大发明出发，以四个分册分述四个发明，每个发明从九个方面展开叙述，把中国古代四大科技发明故事化、演绎化、趣味化，并配漫画以图文并茂的形式展现。 主要内容包括造纸术、印刷术、火药、指南针的发明历程与推广应用故事，以及后来的传播、技术改进、历史贡献及流传至今的技术创新等。 本书读者对象为广大青少年学生及科普爱好者。

图书在版编目(CIP)数据

四大发明的古往今来. 造纸术/张文杰，杨迎春，
孙扬编著. —上海:上海交通大学出版社,2022.7 (2023.12重印)
ISBN 978 - 7 - 313 - 26718 - 4

Ⅰ.①四… Ⅱ.①张…②杨…③孙… Ⅲ.①技术史
—中国—古代—青少年读物②造纸工业—技术史—中国—
古代—青少年读物 Ⅳ.①N092 - 49

中国版本图书馆 CIP 数据核字(2022)第 105216 号

四大发明的古往今来(造纸术)
SI DA FAMING DE GUWANGJINLAI(ZAO ZHI SHU)

编　　著：张文杰　杨迎春　孙　扬
出版发行：上海交通大学出版社　　　　　地　　址：上海市番禺路 951 号
邮政编码：200030　　　　　　　　　　　电　　话：021 - 64071208
印　　制：上海景条印刷有限公司　　　　经　　销：全国新华书店
开　　本：880mm×1230mm　1/32　　　总 印 张：11
总 字 数：147 千字
版　　次：2022 年 7 月第 1 版　　　　　印　　次：2023 年 12 月第 2 次印刷
书　　号：ISBN 978 - 7 - 313 - 26718 - 4
定　　价：68.00 元(共 4 册)

序

Foreword

　　勤劳智慧的中华民族创造了灿烂的古代文明，曾是先进生产力与先进文化的代表，从汉、唐到宋、元、明、清，保持了1000余年的世界强国之位。然而在清朝后期，中华民族落伍了。当今时代，中华民族走上了伟大的复兴之路。追溯古代兴盛与文明，汲取创新源泉，具有重要的现实意义。

　　中国古代科技发明创造众多，其中四大发明无疑是最为璀璨耀眼的明珠，是祖先传给我们的最为宝贵的精神财富，是先进生产力和创新之源泉。

　　四大发明源于生产和生活，折射了古代劳动人民善于观察，勇于创造的精神。古人利用地球大磁体（地理的南极与北极分别为地磁体的北极 N 与南极 S）与小磁体之间异性磁极吸引、同性磁极排斥的特性，造出了静止时两个磁极指向南北方向的指南针，最早的指南针叫司南，产生于战国时期。发明于西汉初期，后经东汉蔡伦改进后的造纸术利用树皮、麻头、粗布、渔网等经过制浆处理得到植物纤维纸，史称"蔡侯纸"。蔡侯纸因材料经济易取，纸质光滑细腻，一经推广便盛传开来，是书写载体的伟大变革。火药的发明很有戏剧性，它是古代炼丹家在炼制长生不老仙药过程中因操作不慎而致的副产品，诞生于隋代，刚开始只是用于烟火杂技，北宋初开始用于军事。北宋的毕昇在唐代发明的雕版印刷术的基础上，反复研究实践，最终发明了活字印刷术，成为印刷史的伟大技术革命。

然而，中国四大发明的提出，却出自外国人，可见其影响之远。英国哲学家、实验科学的始祖弗兰西斯·培根曾说："印刷术、火药和指南针这三种发明将全世界事物的面貌和状态都改变了，从而产生了无数的变化：印刷术在文化，火药在军事，指南针在航海……历史上没有任何帝国、宗教或显赫人物能比这三大发明对人类的事物有更大的影响力。"这一说法后来得到了马克思的肯定，他评价说："火药、指南针、印刷术——

造纸术

这是预告资产阶级社会到来的三大发明。火药把骑士阶层炸得粉碎，指南针打开了世界市场并建立了殖民地，而印刷术则变成了新教的工具，总的来说变成了科学复兴的手段，变成对精神发展创造必要前提的最强大的杠杆。"20世纪40年代，英国科学家李约瑟实地考察研究了中国科技史后，在火药、指南针、印刷术三大发明的基础上补上了"造纸术"，提出了中国古代"四大发明"的观点，自此广为流传至今。

四大发明及其在世界的传播，对于世界文明的发展起了巨大的推动作用，这是中华民族对世界做出的卓越贡献，是中国人引以为傲的科学成就，其中蕴涵的古人智慧与科学精神是滋养当代青少年成长成才的精神食粮，是激发创新思维的力量源泉，值得代代传承。

《四大发明的古往今来》一书突破常规的理论知识说明式的描写手法，通过创设古代劳动人民为解决当时生产生活难题而思考研究的故事情境，对四大发明进行了追根溯源，将造纸术、印刷术、火药、指南针的发明、发展、传播及影响演绎为故事，以新的视角回望中国古代发明，情节生动有趣，便于读者理解与识记。这

序

是一种创新写法，适合青少年的科学普及与科学精神教育。 因此，《四大发明的古往今来》是作为中小学生素质教育读本的不错选择。

当代青少年肩负实现中华民族伟大复兴之重任，了解中国古代科技文明，有助于激发民族自豪感，增强中华民族文化自信，积聚科技自主创新和自立自强之力量。正所谓——

中华复兴起宏图，自主自立自强书。

造纸有术源中土，活字印刷传经著。

火药意外成黩武，磁针指南新航路。

四大发明曾耀祖，熠熠光芒照今古。

中国科学院院士

2022 年 3 月

前言
Preface

　　编写一本反映我国古代科技文明的普及读物，是笔者一直以来的愿望。

　　"四大发明"是中国古代科技创新皇冠上耀眼的明珠。它发明于中国，发展了中国；它传播于世界，改变了世界。造纸术更新了记录模式，印刷术创新了书写历史，火药刷新了文明进程，指南针肇新了全球方位。因而，四大发明，它不只是一个个的小发明，也不只是对一个小的领域、小的方面的一些改进，而是一个个推动社会发展进步的大变革。

　　《四大发明的古往今来》每一分册开篇创设了以某原始部落三个家庭为主的故事主人公颛苍、以鸷、冀炼、青瑛子、峨枒与相关群体，演绎了他们的日常生活与团结协作，以及随着生活生产的发展，上古人在那个没有指南针、没有纸笔、没有印刷、没有烟花火药的年代，所面临的种种难题和他们想要改变现状的思考……

造纸术，是古人智慧生活的结晶。睿智的蔡伦，有着喜好钻研，以发明创造改善生产生活环境的优良品格，归纳诸多"造纸"民方民法，多方试验，终于以"蔡侯纸"的发明，让人们不再用刀刮骨刻石或在墙壁上涂抹。一张张轻纸，一本本薄卷，代替了洞窟石壁和汗牛竹简。

印刷术，是古人改善劳作的成就。有心的毕昇，专心于工作，用心于生活，在孩童们的摆家家玩乐中，想到了把雕版印刷中的"死"字变"活"，终于以"胶泥字"的发明，让人们不再有因刻坏了一个字而废掉一个整版的烦恼。一块胶泥，一版活字，使刻版印制变得简约。

火药，是古人无心插柳的收获。任谁也不会想到，火药的发明，不是军工专家的专利，而是江湖术士、悬壶医家的"杰"作。木炭、硫黄和芒硝，本为炼制长生不老丹，却不料成为黑火药。一撮火药，一支火箭，将千百年雄霸的冷兵器时代改变。

指南针，是古人劳动偶得的硕果。采玉人发现了磁石，掠宝人发现了磁石的指向性，司南、罗盘、指南针，成为指引人们行动方向的新发明，让人们不再因没有太阳、没有月亮、没有星星而路途迷茫。一枚磁针，一个方向，让天涯海角变得有边有沿。

这便是《四大发明的古往今来》逐篇逐章体现的历史知识、精彩故事和伟大显现。

本书对于每个发明都不仅讲古，而且叙今。从蔡伦造纸到当代低碳环保造纸，从毕昇的活字印刷到当代王选的激光照排，从火药武器到原子炸弹，从司南罗盘到北斗导航，无一不彰显"四大发明"饱含中国智慧和中国精神，更是古往今来始终产生价值，一直促进经济发展和文明进步的伟大发明。

四大发明是特定历史时期人们为生产生活所需而探索创造的产物，不仅有知识，更有方法与精神。本书通过故事演绎方式来讲述四大发明的历史进程及其对当今科学发展的影响，融知识性、历史性、辩证性、故事性、趣味性于一体，旨在使青少年在轻松阅读中学到知识、拓展思路、掌握方法，从而提高兴趣与科学素养，并树立自主、自强、自立的信念和决心。希望本书能带给读者充满知识性、想象力和人文气息的科学之旅。

限于笔者的视野与知识水平，本书存在的不妥与疏漏之处，敬请广大读者朋友批评指正。

Contents

古人记事

古人不识字，以图来记录。

没有纸和笔，壁上画实物。

上古时代，人们日出而作，日落而息，每天要做的事就是狩猎、采摘……

吾嘉部落的三十六洞住民，大约三分之一靠捕鱼为生，三分之一靠打猎为生，三分之一靠采摘果实为生。他们既各自为生，又协作劳动，还经常互换猎物果实，生活过得简单而又幸福。

这一天，风和日丽。颛苍一大早就从石板上爬起来，兜里装了两块鱼干，从洞口拿了三柄木叉就出发了。四天前，颛苍就发现前溪的水开始退了，估计四天的时间，水就应该退得差不多了，以前叉鱼的那个地方，在水退后一定能聚留不少鱼，今天要赶紧去，要不然明天又涨水，就错过叉鱼的最佳时机了。

出洞口不远，颛苍碰到以鸷背着弓箭，冀炼和老婆青瑛子一人挎着一个大筐。原来，他们也是趁着今天好日子，去打猎和摘果子的。互相打了招呼后，他们就分开各自忙去了。

日落时分，他们在早晨出发的地方又碰面了。今天运气真好，他们都收获颇丰。颛苍又到五条大鱼，以鸷打到一只羊、两只鸡、四只兔子，冀炼和青瑛子采到一筐苹果和一筐板栗。他们打算把今天得到的猎物果实记个数，以便交换。

别看古人那时候没读过书，可他们都有记日记的好习惯。但那时还没有纸、笔，更没有电脑、手机，怎么记日记呢？别着急，古人自有办法。

颛苍一进洞，就把鱼交给老婆峨枏。峨枏高兴极了，赶忙从火堆里抽出一根还在冒烟的木棍，在石壁上画起来，一条鱼，两条鱼，三条鱼……虽然只有五条鱼，但画好还真不容易，费了峨枏一顿饭的工夫呢。

吃过晚饭的颛苍去以鸷家串门。一进门，只见以鸷正在打绳结呢。羊是大动物，一只羊打一个大绳结；鸡是彩色的，一只鸡打一个小的红绳结；兔子是灰色的，一只兔子打一个灰绳结。颛苍问以鸷："也

捕鱼、狩猎、采摘，原始社会三大支柱产业。

没几只猎物，咋那么久还没记完呢？"以鸷说："先要找有颜色的皮毛或草，又要编成绳，就把时间耽误了。"

从以鸷家出来，颛苍转个弯踱进冀炼家。冀炼家热闹着呢，两个孩子热得连兽皮也脱掉了，正帮着父母数果子呢。冀炼和儿子数栗子，冀炼数十个，儿子就往洞角的石堆上扔一个黑石子；青瑛子和女儿数苹果，青瑛子数一个，女儿就往另一个洞角的石堆上扔一个白石子。看见颛苍进来，冀炼热情地递了个苹果给颛苍，擦着满头大汗说："幸亏今天太阳下山早，要不然采摘得太多，明天也数不完呢。"颛苍说："唉！总是这么数呀、画呀、打结呀，这也太费劲了，要是能有个什么简单的好方法，我们能一下子记清这些东西就好了。"以鸷忙说："是呀，那样我数果子记果子就简单了。"

上古时代没有纸、没有笔、没有拍照摄像设备，他们就是用上面说的结绳、堆摆物件、刻画符号来记事的。

聪明的古人将麻草、树皮、动物皮毛拧成绳或做

造纸术

石壁画、打绳结、堆石子，原始社会三种记事方式。

成皮条，然后根据不同事物打不同的结而进行记事。《易·系辞下》说："上古结绳记事，后世圣人易之以书契。"这就是说，古人用结绳记事帮助记忆的方式，虽然不同于写汉字，但它对汉字造字有影响和启发作用。

古人在物品交流中，将不同物件共同约定代表一种意思，用来记录事物、表达思想、传递信息。 如用堆石子记录数量，用一块牛排表示友好和希望联合，用一根砍断了的牛肋骨表示断交，用苦果表示同甘共苦，用藤叶表示永不分离等。 有了约定共识，这种借助实物及其音、义表达相关的信息、思想，使古人记事和交流非常顺畅，而这种记事方式成为后来"会意""假借"等造字方法的最早"参考资料"。

另外，古人还擅于按照物件的形状或者以自己能够识记的简单符号刻画一定数量的物件作为一种直观记录。 中国近现代著名的文字学家、历史学家唐兰在《中国文字学》中说："文字本于图画，最初的文字是可以读出来的图画。"因此，人们一般认为，大部分图画是"象形"字的起源。

2

仓颉造字

中国字，仓颉造，物形兽迹化为符号。

你象形，我会意，形声转注假借指事。

吾嘉部落人想用简单方法记事的愿望，后来被一个叫仓颉的人实现了。

　　仓颉生在黄帝时期，据传说他长得与一般人不一样，四只眼睛双瞳孔。 那个时期，那种大事打一个大结、小事打一个小结、相连的事打一个环结的记事方式，已经不能适应时代发展和文明进步了，因为出现的事物越来越多，要记录的东西越来越繁杂，根本不是打结、画图和堆石子能解决的。 于是，发明一种新的通用的简单记录方式，成为人们的迫切要求，也成了仓颉的使命追求。

　　当时，仓颉是黄帝手下的史官，专管圈里的牲口和屯里的粮食。 数量少时，还可以用简单的方法记录，可是牲口、粮食的数量逐年增加，那些原始的记录方式根本应付不了，怎么办呢？ 这可难坏了仓颉。

仓颉试着改进结绳方法，用不同颜色的绳子表示不同的事物，在绳子上打上圈挂上贝壳记录数量，增加一物就挂上一个贝壳，减少一物去掉一个贝壳。这个方法，让仓颉缓解了记录同一事物的困难。但是，很快地，这个方法就又不灵了。黄帝看仓颉这么聪明，就让他管更多的事，管祭祀、管人口、管狩猎。这下，仓颉的绳子不够用了。这可怎么办呢？仓颉吃不好，睡不香，天天琢磨这件事。

　　这一天，仓颉参加了一次集体狩猎行动。在一个三岔路口，几个猎人争辩起来。一个说：往东走，那边有羚羊；一个说：往西走，那边有鹿群；一个说：往北走，那边有老虎。仓颉看他们都说得很肯定，就问他们为什么？几个人异口同声："看地上的脚印呀。"往东的是羚羊脚印，大约有三只大羊两只小羊；往西的脚印明显是一群鹿的，而且是刚过去不久，脚印杂乱无章，刚拉的粪便还没干；往北的应该是老虎的脚印，听说最近这里老虎出没，还有伤人的事呢。

　　几个猎人还在兴致勃勃讲自己的认识，争论朝哪

造纸术

看脚板丫子印辨动物，稀奇！

个方向走，而仓颉却什么也听不见了。 脚印代表野兽，这不是一种很好的记录方式吗？他也顾不上去狩猎了，兴冲冲地跑回去，向黄帝报告了他的想法。 黄帝一听，大加赞赏，命令仓颉好好研究，创造出一种可以用来统一记录的符号来。

仓颉仔细观察，认真研究。 观日月星辰分布，察山脉河流走向，记鸟兽鱼虫痕迹，研花草树木习性，描日常用品的形状……他根据民众的认知和自己的思考，创造出种种不同的符号，定义了每个符号的意思。 他把定义的符号拿给众人看，并解说每个符号是什么意思。 大家一看，符号简单易记，意思直观明白，真是记物录事的好办法。 于是，"字"就这样诞生了。

就在仓颉造字成功的那一天，发生了天大的怪事。 大白天，天上竟然像下雨一样下起粟米来；到了晚上，人们听到孤魂野鬼不停哭泣。 原来，天知道仓颉造出了字，担心人们学会文字而弃农从商，引发大饥荒，便下起粟米，以防天下缺粮；而鬼知道仓颉造出了字，想到有了文字后，人类会人心不古，狡诈欺

造纸术

仓颉造字后，造化不能藏其秘，故天雨粟；灵怪不能遁其形，故鬼夜哭。
　　　　　　——唐代张彦远《历代名画记·叙画之源流》

瞒、杀戮争夺将由此开始，不仅人世间，连鬼也会不得安宁，于是整夜哀嚎悲哭。

仓颉造字，是中国古代神话传说。至于汉字是不是真的由仓颉创造，后人不得而知。我们现在使用的端直方正、含义丰富的汉字是从汉代开始的，中国汉字有"六书"，即六种造字方法。这六种造字方法分别是象形、指事、会意、形声、转注和假借。

象形字是指模仿物体形状画出的字。画个圆圈中间再加一点代表"日"，画一团云代表"云"，画几条波纹代表"水"，画张嘴巴代表"口"，等等。一般来说，象形字多为独体字，用简单线条和笔画可以描画出来，看到字形就能认出事物。但是象形字有很大的局限性，因为有些抽象事物是画不出来的，于是就有了指事字这种方法作为补充。

指事字用来表达无法用具体形象画出来的事物，一般就是在象形字的基础上加减笔画或符号。如"刃"字无法用象形符号表示，便在刀口处加一点表示刀锋处，也暗含锋利之意；再如"上""下"二字，同样无法用象形符号表示，便在横线"一"上下各做标示，指定它代表"上"和"下"。 指示字也多为独体字。

会意字是按照多层意思将两个以上独体字组合起来的，所以叫作会意字。 为什么要把独体字合起来呢？ 那是因为有些事物包含了两个以上独体字的成分，只有合起来才能更准确地表达意思，于是便有了合体字。 比如"酒"字，"酉"是酿酒的器具，加"氵"表示酉中的液体，即"酒"。

形声字顾名思义，既有形旁，又有声旁。 比如"棋"字，古代的棋子一般是木制的，所以取"木"旁，而取"其"发音，"其"本身又含棋盘格式，可谓把形声、象形、会意、指事几种造字法都包含在内了。

转注字是文字动态发展的一个新创造，主要是针对一组字或者一对字，它们的字形和读音明明不同，但它们却是同义字，而且可以互相解释或者代替。 古人在造字中提出"形转""音转""义转"三说，如："空"和"窍"，是形转；"老"和"考"，是音转；"改"和"更"，是意转。

假借字就是借了一个不相干的"假"的字来表达"真"的意。 假借字一般为借音字，以音近或者音同来表达。 如借"见"表达"现"，借"北"表达"背"，借"反"表达"返"等。

甲骨刻文

甲骨文，是瑰宝，中国文字数它老。

乌龟壳，牛胛骨，以刀刻纹记事牢。

仓颉一造出文字，黄帝立即就召集各部落首领来听仓颉讲授文字，在全国推行这种统一的记录方式。人们很快发现，使用统一文字记录交流，大大提高了办事效率和生活质量，推进了社会发展。但是，文字产生的时候，纸并没有同步诞生，人们用什么来写字记录呢？

　　虽然古时候的环境条件很简陋，却难不倒聪明的古人。古人发现，所谓的字，其实就是画。做记录，就是把原来在石壁上画图变成现在的画字，画出通用的代表特定含义的符号。但是，古人画字很快又遇到一个难题：画字简单，石壁不够画怎么办，而且画上去的字，很容易在风吹雨淋日晒后消失，又该怎么办？于是，在龟甲、兽骨、竹片、木头、青铜器上刻字，就应需而生了。

刚开始时，汉字用于做一般事项记录并不多，而更多的是用作祭祀和占卜记录。古人看天行事，渔猎捕捉、征战讨伐、春种秋收，都要占卜问天。

占卜是个非常神圣的事情。进行占卜这天，卜官将早已加工和刮磨好的龟甲和兽骨请（拿）出来，卜官之前已在这些甲骨的边缘刻写了甲骨的来源和保管情况的文字，以示占卜器物本身的神圣。占卜开始，卜官用燃烧正旺的紫荆木条烧烤甲骨，当甲骨正面被烧烤裂出"卜"字状的纹路，卜官即按照纹路显现的天意征兆，推断卜问事情的吉凶祸福。占卜结束，卜官将这次占卜活动开展情况和占卜结果做成卜辞，刻在甲骨上，作为这项活动的记录。

占卜是个兴师动众的事情，特别是事前事后要刻很多字在甲骨上，这给卜官或刻字者带来极大挑战。而占卜这个活动，在古时是天天要进行的劳烦事，大事小情都要卜问。修洞盖房朝哪边，张大哥娶李二姐合不合，生儿育女在哪个月能成贵人，出门办事黄道吉日是哪天，梦见王家的老鼠咬了赵家的猫是个什么意思……单记录占卜这一项就需要数不尽的甲骨，需

3

甲骨刻文

"天灵灵，地灵灵，但行好事，莫问前程……你们家鸡又丢了？ 莫急，待俺烧个龟甲占卜一下。"

要无数人刻字。

关于中国古代甲骨文的发现有这么一个民间故事：

清光绪年间，河南省安阳县小屯村农民李成在田间劳作时无意中发现一块刻有"画纹"的白骨片，他当时恰患疥疮，因疼痒难耐，就顺手把白骨片揉搓成粉末涂抹在疥疮上，没想到疼痒居然神奇地止住了。这一发现让李成非常兴奋。他把乡亲们视作废物的各种形状的白骨收集起来，来到城里的药店，告诉药店老板白骨片能治疥疮和外伤。药店老板经试验后，发现果如李成所言，很是惊讶，便取来药典研究，弄明白原来这些骨片就是中药里的"龙骨"。李时珍《本草纲目》曾记载：龙骨是古爬虫动物的化石，能生肌防腐。于是，药店老板高价收购"龙骨"，李成收集贩卖"龙骨"，由农民摇身一变成了富贾。由于"龙骨"在当地用量不大，药店老板收购越来越苛刻，凡刻有"画纹"的"龙骨"不收。"聪明"的李成回到家，将"龙骨"上的"画纹"刮掉再卖到药店，或者将"龙骨"捣成粉末，包成小包，到集市、庙会上叫

❸ 甲骨刻文

造纸术

甲骨文中的甲是乌龟壳，骨是动物的
骨头，文就是在这两样东西上刻的字。

卖赚钱。殊不知，这一举动毁掉了大量的中华瑰宝甲骨文字啊！同时，药店老板也把积压的"龙骨"转卖各地。很快，"龙骨"进入京城，成为治病救人的"良药"。光绪二十五年夏天，中国近代金石学家王懿荣在药店买到一种叫"龙骨"的药材，"龙骨"片上镌有的奇异纹络立刻引起了他的极大兴趣。于是他通过药房老板认识了名扬京华的古董商范维清，通过范维清，他收购了大量"龙骨"，逐块逐字地研究上面刻有的图形文字，对照《史记·龟策列传》与《周礼·春宫》，他破译了一个又一个象形的、怪异的、抽象的文字符号。最后得出结论：甲骨上刻的"画纹"是商代中后期的文字，是中国最古老的文字！王懿荣因此成为发现和收藏甲骨文的第一人。

古人发明甲骨文后，不仅要记录占卜，而且要记录生活中的各种事项。农作、渔猎、征战、生活，等等，都需要记录，都要用大量的甲骨，要刻大量的字。同时，收集甲骨不仅耗费大量人力、物力，而经年累月储存甲骨需要大量空间。于是，人们的心中又

❸
甲骨刻文

幻生出新的想望，要是有一种能代替甲骨、青铜、竹条、木片，既能画字，又便于保存，更主要的是既能大量生产，又节省空间的东西就好了。

造纸术

4 蔡伦造纸

蔡伦造纸解烦忧，从此写字不刻骨。

树皮破布旧渔网，废物利用新技术。

从上古时代结绳记事，到黄帝时期发明文字，再到殷商时代甲骨刻文和利用竹片、木板作为刻字材料，勤劳的中国古代劳动人民，不断积累生活经验，推动社会进步。

　　但是，用龟甲兽骨刻字麻烦极了，取材也不容易；而用竹简木牌刻字更不省事了，刻一本书要用很多个竹简，刻完字，要用皮条把一个个竹简串起来，扎成捆，然后一本书要用牛车运送，才能实现它的搬迁。

　　大约在殷商时代，笔、墨已经发明了，那时，开始用缣帛作为书写材料。然而缣帛太昂贵了，难以推广，连王公贵族也不能随意使用，普通老百姓就更用不起了。于是，制造一种类似缣帛一样轻薄柔软的可以用来写字的材料，成了当时人们的迫切需要。

竹简木简的尴尬：一本书，装一车。

到了西汉时期，古人试着将植物的根茎洗净晾干，捣烂后放到水中，让浓汁和纤维黏在一起，然后拿出来放在太阳下晒干，制成了最原始的纸。由于工艺简陋，不仅浪费了很多的原材料和人力，而且这种"纤维纸"非常粗糙，质地很差，既不平滑，也缺乏韧性，纸中还夹着未完全捣碎的纤维束，基本不能用于书写，甚至还不如竹简好用，因而一般只能用于包装。

直到东汉，人们长久期盼一种简便易行书写物的愿望，终于因蔡伦的伟大发明而实现了，从此改写了历史。

话说蔡伦祖上是打铁的，偶因官府设置铁官，因而蔡家与官家有了渊源。蔡伦小时候，入乡学启蒙读书，习《周礼》，读《论语》。他对生产很感兴趣，比如冶炼、铸造、种麻、养蚕等，都很用心观察学习，打小培养了很强的钻研能力。

大约在 15 岁时，蔡伦进宫做了一名太监。因他能识文断字，颇有学问，很得主子的赏识，于是官位节节攀升。后来，蔡伦官至尚方令，主管皇宫制造业。 当时的皇宫作坊，集中了天下的能工巧匠，代表了全国制造业的最高水准。 蔡伦近水楼台先得月，他充分利用这个平台，将自己的爱好以及在工程技术方面的过人天资，展现得淋漓尽致。

公元 97 年，蔡伦大幅度改进制作工艺，尚方制作的刀剑等器物，达到极高水准，"莫不精工坚密，为后世法"。 而造纸术，也由于他改进工艺流程，切实造出了满足人们愿望的纸，而受到全社会的欢迎。

蔡伦让工匠挑选树皮、麻头、破布（麻纤维）、旧渔网等，剪断切碎后放入大水池浸泡。 过一段时间，其中的杂物烂掉了，而纤维不易腐烂，就保留了下来。 这时，蔡伦让工匠把没有腐烂的纤维等捞起，放入石臼中不停搅捣，直到它们成为浆状物。 接下来，工匠再将浆状物倒入水中搅匀。 然后，工匠用竹篾将这些黏糊糊的东西捞起来进行干燥，最后从竹篾上揭下来，就变成了一张纸。 蔡伦带着工匠们反复试验，不断改进工艺，终于造出了既轻薄柔韧，又方便采取原料，且造价低廉的纸。

公元 105 年，蔡伦向汉和帝献纸。 蔡伦将新制的

4
蔡伦造纸

造纸术

东汉"纸神"蔡伦，揭开人类文明新篇章！

纸呈献给皇帝，并将造纸的方法向皇帝做了详细奏报。皇帝龙颜大悦，诏令朝廷内外使用。蔡伦造的纸一经推出，时人视作奇迹，大为赞赏，纷纷推广。

公元114年，蔡伦被封为"龙亭侯"，食邑300户。由于这种新造纸方法是蔡伦发明的，人们便把纸叫作"蔡侯纸"，把蔡伦向皇帝献纸的公元105年作为纸的诞生年。

造纸术被列为中国古代"四大发明"之一，千百年来，人们在享受发明成果的同时，对发明者蔡伦一直备加尊崇。因其对人类文化的传播和世界文明的进步做出的巨大贡献，造纸界都奉他为"造纸鼻祖""纸神"。1978年，美国著名学者麦克·哈特在他的著作《影响人类历史进程的100名人排行榜》中，因蔡伦的历史功绩，将他排在第七位。2007年，美国《时代》周刊曾公布"有史以来的最佳发明家"，造纸术发明家蔡伦位列第四。2008年8月8日，在北京召开的第二十九届奥运会开幕式上曾以艺术手法展现了蔡伦发明的造纸术，惊艳了全世界。

4
蔡伦造纸

造纸流传

中国发明造纸术，世界由此不用布。

千片甲骨百张皮，不若蔡侯一纸书。

造
纸
术

　　蔡伦发明造纸术，为人类文明史掀开了新的一页。

　　造纸术首先在中国风靡，在魏晋以前集中在都城（河南洛阳一带），到南北朝时逐渐扩散到越、蜀、皖、赣等地。随着人们长期不断摸索、实践，造纸技术得到进一步的提高，质量和产量也不断地提升。并且，随着造纸原料多样化，纸的种类、名目也丰富起来，既能满足人们的普遍需要，也能满足不同人的个性化需求。大约到公元8世纪，纸在我国已经广泛使用，成为人们生活中常见的普通物品。

　　造纸术最早的国外传播地是毗邻我国的朝鲜和越南。在蔡伦改进造纸术不久，在中国人的帮助下，朝鲜半岛百济、高丽、新罗等国也先后学习造纸，掌握了较高的技术。颇有意思的是，高丽在学会造纸后不

"一张纸搞定的事情，别刻了，浪费乌龟。"

断提高技艺，在我国唐宋时期，高丽的皮纸竟然反向出口中国。 在西晋时，越南人也在中国人的帮助下学会了造纸术。

公元610年，朝鲜僧人昙征渡海来到日本，与日本僧人法定苦行修道。 在与法定向日本民众谈佛论法的同时，昙征将多种文化传到了日本，特别是纸、墨的制造和彩画的技艺。 昙征将造纸术献给日本摄政王圣德太子，圣德太子大为赞赏，下令全国推广造纸术。 于是，崇尚先进文化的日本人，对昙征敬佩感念万分，称他为"纸神"。

造纸术向欧洲乃至世界的传播，阿拉伯人有着不可忽视的功劳。

欧洲在掌握造纸术之前，文字是书写在羊皮上的，由于成本高，而且数量极少，书籍被少数僧侣独占。 能有一种可为普通大众承受的可供书写的载体，同样是广大欧洲人民的迫切愿望。

公元751年，中国大唐与阿拉伯帝国发生冲突，阿拉伯帝国俘获了几名中国造纸工匠，由此，造纸业便在乌兹别克斯坦的撒马尔罕城和伊拉克的巴格达城

造纸术，神秘的东方技艺，随着贸易
和战争一路从东到西，世界为之折服！

兴起了。 随后，经阿拉伯诸国传播，中亚、北美、欧洲各地纷纷开始造纸，社会广泛使用纸张。 于是，思想文化的传播有了新的载体，世界文明进入了一个新的时期。

1797 年，法国人尼古拉斯·路易斯·罗伯尔首次提出机器造纸的思路，按此方法，英国人福德里尼尔兄弟于 1803 年成功造出世界第一台能抄纸的长网造纸机，又称福德里尼尔纸机。 至此，从蔡伦时代起持续领先近 1700 年的中国造纸术终于被欧洲人超越。

1990 年 8 月 18 日至 22 日在比利时马尔梅迪举行的国际造纸历史协会第 20 届代表大会一致认定，蔡伦是造纸术的伟大发明家，中国是造纸术的发明国。

造纸意义

无纸前，刻甲刻骨刻竹简，汗牛充栋，学问装五车。

有纸后，印道印法印经典，身轻体薄，五车变一册。

造
纸
术

造纸术的发明、传播和推广，对世界文化的传承、科学的发展、社会的进步，产生了极其深刻的影响。

那么在纸发明以前，世界各地都是用什么材料来写字的，它们又有什么特点呢？

在中国，蔡伦发明造纸术前，古人用龟甲、兽骨、竹简和绢帛作为书写的材料。但是甲骨、竹简材料笨重，别说刻字麻烦，单就阅读，就要费好多劲。据说，秦始皇一天阅读的奏章，就要拉整整一车，还要好多人搬运、整理、存取。至于绢帛，不适于书写不说，单就成本而言，也不能成为常用的书写载体。汗牛充栋是用来形容藏书多的，学富五车是用来形容读书多、学问大的，这里的书，都是简。充栋、五车，这是多少书啊！但是在现代，它可能就是几本书，或者几百本书。因而纸的发明，单就简化"书"的形式而言，就绝对功不可没。

在印度，与中国一样，木板和竹片也是古印度人早期的书写材料。但印度最初更多的是用桦树皮和贝叶（棕榈叶）作为书写材料。因佛教在古印度早期盛行，又大又长的桦树皮和贝叶正是古印度人写字、抄经的最佳选择。然而，桦树皮和贝叶的书写特性差和有不易长久保存流传的缺点，是古印度人寻求更佳书写材料的原因。

在埃及，古人是用纸草纸作为书写材料的。纸草，又叫纸莎草，是生长在尼罗河三角洲地带的一种沼泽植物。

纸草纸的制作与中国早期造纸的挫、捣、抄、烘不完全相同，它是将纸草的主茎截成三四十厘米长的一段段，剥去外皮，将里面的木芯削成薄薄的长条片，把长条片纵向平铺一层，再在上面横向平铺一层，然后进行挤压和捶打，再用少量的水并利用植物本身的黏浆而使上下两层紧紧粘在一起，晾干后，将边缘打磨修剪齐整，这样，一张（或者叫一块）纸草

原来拉了五车的书简，就是这么薄薄的一册！

纸就制作完成了。从目前可考证的历史记录来看，不得不承认，古埃及的纸草纸是比中国古代的纤维纸出现时间既早质量又好的纸。然而，为了限制异族发展，古埃及国王托勒密下令将纸草纸制造方法列为国家机密。这个"国家机密"一直保存着，直至公元105 年，中国的蔡伦发明了造纸术，且造纸术很快传到欧洲，纸草纸在"蔡侯纸"的经济和更加耐用面前，失去了其作为书写材料的价值，而再也不用"保密"了。

在欧洲，古人早期曾长时间用羊皮纸作为书写材料。羊皮纸的产生与纸草纸的制造方法保密不传有直接关系。当时，埃及托勒密王朝担心纸草纸的制造技术传入帕加马帝国，不仅将纸草纸制造方法列为国家机密，而且严格禁止向帕加马输出纸草纸。于是，帕加马帝国不得不另辟蹊径。帕加马人将羊皮经石灰水浸泡，脱去羊毛，然后两面刮薄，在不断拉伸中干燥、打磨，最后处理成光滑的薄片，制成了比纸草纸更加适用的"羊皮纸"。但是用羊皮制成的"羊皮纸"成本高，价格昂贵，一般只用于最重要的书籍

前有纸莎草，后有羊皮纸，欧洲人对"纸"的追求从未中断。

抄写。

还有黏土板、亚麻布、石壁、铜器、陶器、玉器，等等，都曾是古人用来刻字记录的材料。

虽然，世界各地的这些带有时代烙印的记录工具都曾在当时发挥过积极作用，但因时代原因和本身的缺陷，逐渐被淘汰。而蔡伦发明的造纸术以其能做到用料简便、成本低廉、质量高超、批量生产、易于保存等特性，成为对古代中外各国书写材料的一场彻底革命；至于那一张张纸，则成为身虽轻薄却承载千钧的人类文明进步的伟大载体。

—

造纸流程

草树外皮原是宝，古人不识当柴烧。

挫煮捶捣抄和烤，蔡伦造纸有妙招。

蔡伦造纸之所以取得成功，是因为他通过总结前人的经验，经过多次试验，改进形成了一套完整的定型工艺流程。

蔡伦的造纸流程大致分为四步。

第一步：分离。 将原材料（比如苎麻、茭草、竹子等）浸沤去皮软化，然后切碎并用石灰水蒸煮，将蒸煮后的材料晾凉浸泡漂洗，再蒸煮，再漂洗，如此反复多次，使原材料中的纤维分离出来。

第二步：打浆。 将浸煮分离后的纤维原料放在容器（石臼）里捶捣，以切断、打碎纤维，从而使纤维起毛、撕裂、分丝，形成帚化而成为纸浆。

第三步：抄制。 将纸浆倒入水槽，使纤维充分浸透水分并均匀地悬浮在水槽中，这时用捞纸器（竹帘、篾席）进行滤取，使纤维留在捞纸器上形成一层薄膜。

第四步：晾晒。将捞纸器连同滤好的纤维薄膜在室外晒干或者在室内通风晾干，然后揭下来，就制成一张纸。

汉代以后，造纸工艺不断改进完善，但基本都遵循了这四个步骤。现代造纸流程中的制浆、调制、抄造和加工等主要步骤也与古法没有根本的区别。只是现代造纸不仅采用机械操作，而且采用化学制浆、科学调制、按需抄造，使造纸的效率大大提高。并且，可以根据原料、需求等，对纸的强度、厚度、纯度、色度以及保存期限等进行控制，从而造出满足各种需求的多种纸品。因此，机械造纸成为现代的主要方式。

机械造纸虽然提高了效率，满足了市场大量用纸和多样化用纸的要求，但对于某些特殊用途，机械纸有时也不能满足用户的心理，仍要回归古法，以手工造纸。比如专用于书法、绘画的宣纸，就因其质地和吸水性等特殊要求，必须使用纯手工或半手工方式，才能满足需求。

造纸术

分离，打浆，抄制，晾晒，古代造纸的标准流程。

纸的品种很多，据统计有 5000 余种，根据纸的制法、用法等，一般有三种分类方法。

一是按生产方式分为手工纸与机制纸。手工纸以手工操作为主，利用帘网框架、人工逐张捞制而成。手工纸质地松软，吸水力强，适合于水墨书写、绘画，如中国的宣纸。机制纸是以机械化方式生产的纸张的总称，如印刷纸、包装纸等。

二是按厚薄和重量分为纸与纸板。一般将每平方米质量为 200 克以下的称为纸，根据用途又分为不同类型。一般将每平方米质量为 200 克以上的称为纸板，纸板主要用于商品包装，如箱纸板、包装纸板等。

三是按用途分为包装用纸、印刷用纸、工业用纸、办公文化用纸、生活用纸、特种纸。包装用纸有白板纸、白卡纸、牛皮纸、瓦楞纸、箱板纸、纸杯（袋）原纸、玻璃纸、防潮纸、透明纸、铝箔纸、商标纸、标签纸、果袋纸等。印刷用纸有铜版纸、新闻纸、轻型纸、双胶纸、书写纸、字典纸、书刊纸、道林纸等。工业用纸有碳素纸、绝缘纸、滤纸、试纸、电容器纸、砂纸、防锈纸等。 文化用纸有绘图纸、复写纸、传真纸、打印纸、复印纸、相纸、宣纸、彩喷纸、菲林纸等。 生活用纸有卫生纸、面巾纸、餐巾纸、湿巾纸等。 特种纸有水纹纸、皮纹纸、花纹纸、防伪纸、装饰原纸等。

造纸术

中国宣纸

洁白柔韧，搓折无损，中国宣纸天下先。

青檀树皮，沙田稻草，古老技艺值万钱。

谈论纸，不能不提中国的宣纸。如果说造纸术是中国首创、中国人的骄傲，那么宣纸，同样让世界点赞、让国人引以为豪。

宣纸是书画用纸，最能以本身的特有质地展现中国的传统文化，而只有中国传统造纸术造出来的宣纸，才能把书法与绘画对纸的追求体现得淋漓尽致。2009 年，宣纸制作技艺被联合国教科文组织列入非物质文化遗产名录，足见其高超的技艺性和独特的文化性。

据考证，宣纸"始于唐代，产于泾县"。在唐代，泾县隶属安徽宣州（今宣城），宣纸便因地得名，宣纸及其制作技艺也因人的繁衍和文化传承绵延至今。

宣纸质地绵韧，光而不滑、洁白稠密、搓折无损，具有很强的润墨性、吸水性，且抗老化、不变脆、不变色、虫不蛀、易保存，不仅是书法、绘画的不二之选，而且也是外交照会、历史档案的绝好用纸。宣纸久负盛名，被誉为"纸寿千年""纸中之王"等。

关于宣纸的来历有两个传说。

传说一：孔丹造宣纸。

公元121年，东汉造纸家蔡伦死了。蔡伦其人，本为宦官，心性秉直，因看不惯皇族朝堂权斗党争，便伙同他人以直制乱。结果，他所扶植的主子当上皇帝，蔡伦因功，再加上造纸有为，被封为龙亭侯。但是当他扶植的皇帝死了换了新皇帝，蔡伦就成了搅乱朝廷的罪人，最后被迫服毒自尽。

孔丹，蔡伦的弟子，得师傅真传，在皖南一带以造纸为业，颇有名望。得知师傅死了，孔丹很想为师傅画像修谱，作为永久纪念。可是，孔丹是个造纸人，他知道一般的纸体现不出他的心中所想，也难以做到永久保存，怎样才能造出一种好纸，实现自己的愿望呢？孔丹心心念念找寻，日复一日难以如愿。

造纸术

水中枯木，寻常人往往熟视无睹，而在孔
丹眼中则是制作"四尺丹"宣纸的"宝贝"。

一天，孔丹在溪边徘徊，忽见一棵青檀树倒在溪边，浸在水中的枝干因为长久地水泡日晒，树皮已经腐烂变白，露出一缕缕纤维在水波中荡漾。孔丹大喜，立即将青檀皮拿回去造纸，经过反复试验，终于造出一种质地绝妙如他所愿的纸来，这便是宣纸。现在，宣纸中的一个名贵品种——四尺丹，相传就是为纪念宣纸的发明者孔丹而命名的。

传说二：曹氏造宣纸。

"民国"二十一年（1932年）商务印书馆出版的《中国实业志》（杨大金著）云："宣纸产于安徽泾县。泾县之宣纸业在小岭村，制此者多曹氏，世守其秘，不轻授人。故江西省及日本皆有仿制者，然其品质终不及泾县。"这是宣纸发源的另一个说法。

小岭村是安徽省南部泾县西北丁家桥镇的一个山村，村落群山环绕，重峦叠嶂，溪水川流不息，"九岭十三坑"为小岭村贴上了蕴涵深意的人文标签。宋朝末年，曹姓人因避战乱迁来此地，从此便在这里繁衍生息。清乾隆年间重修《小岭曹氏族谱》序言云："宋末争攘之际，烽燧四起，避乱忙忙。曹氏钟公八世孙曹大三,由虬川迁泾,来到小岭,分徒十三宅,见此系山陬,田地稀少,无法耕种,因贻蔡伦术为业,以维生计。"当时,小岭村已有造纸业,但造的都是普通纸,并不是宣纸。曹姓迁来后,无地无业,而本身会造纸术,便仿当地人,开起造纸坊,以造纸为生。

曹氏总结皖南及小岭村当地的造纸经验,逐步提高造纸质量。在不断试验中,他们发明了将青檀皮和沙田稻草合用可以造出一种不同于寻常的质地更好的纸来,这便是宣纸。在当时,这样的家族技艺世代恪守传男不传女、传内不传外,因而宣纸的制造技艺一直是曹家的不外传之秘,而曹家也凭此术日渐兴旺发达。

后来,随着时代变迁,社会进步,曹氏的宣纸制造逐步吸纳异姓人参与进来,多姓人分工合作,如曹姓人负责捞纸、晒纸、检纸等主要工艺,其他姓氏人负责原料工段工作。有了多姓人的参与,大家在改进工艺上建言献策、研究试验,使得宣纸制作技艺不断完善并得以传承。

宣纸种类很多,但一般分为生宣、熟宣、半熟宣

宋末曹氏纸坊全家上阵，多姓合作（你们
能找到几个姓？），将宣纸工艺推向顶峰。

三种。 生宣吸水性和沁水性都强，书画时能产生丰富的墨韵变化，可收到很好的艺术效果。 熟宣因加工时用明矾涂过，故吸水能力弱，使用时墨和色一般不洇散。 半熟宣从生宣加工而成，吸水能力界于生宣和熟宣之间。

古时，宣纸主要用于书法、绘画、裱画和印刷书籍，还用于官方公文往来和上流社会名人传情达意。近现代，随着宣纸加工技艺的改良完善，各种宣纸产品和工艺制品因其质量精良，同样深受用户青睐。

由于宣纸需求和制造量的增加，青檀皮供不应求，导致原材料价格上涨，再加上要经过浸泡、灰掩、蒸煮、漂白、制浆、水捞、加胶、贴烘等十八道工序，历经一年多方可制成，还有时代经济因素等，使得宣纸制造这项古老技艺生产成本不断攀升，于是宣纸也身价倍增，有时千金难求一纸。

低碳造纸

古人发明造纸术，不期后代伐树木。

达峰中和求低碳，广种多植自强路。

造纸术

现代国际上造纸，原料主要是植物纤维，并且大多为针叶树、阔叶树，其使用量占总用量的 95％以上。

在我国，落叶松、红松、马尾松、云南松、樟子松等针叶树木材，杨木、桦木、桉木等阔叶树木材，芦苇、竹子、芒秆、麦草、稻草、龙须草、高粱秆、蔗渣等草类植物，亚麻、黄麻、洋麻、檀树皮、桑皮、棉秆皮等韧皮纤维，棉花、棉短绒、棉破布等种毛纤维，以及废纸纤维等，都是造纸原料。虽然原材料的种类丰富繁多，但我国造纸同样是以树木、树皮为主。随着社会对纸需求的日益增加，伐树，大量使用木材，就成为造纸业的必需。

然而，随着人类活动的影响，比如造纸业大量砍伐森林，地球生态平衡不断遭到人为破坏，导致全球

树木是造纸的原材料，却也是鸟类和兽类栖息的家园！

变暖，热浪、洪水、干旱、森林火灾和海平面上升等一系列灾害性气候事件频发，正在严重影响和将会更加影响人类生存。于是，应对关乎我们每一个人的气候危机，成为当代国际社会面临的重大课题。

一方面是发展经济、推动社会进步的需求，另一方面是保护环境、缓解气候危机的需要，造纸业原材料遇到了一场主观与客观截然对立的生存发展与责任担当的挑战。2020年9月，在第75届联合国大会一般性辩论上，国家主席习近平提出：中国的二氧化碳排放力争于2030年前达到峰值，努力争取2060年前实现碳中和。何去何从？中国造纸业正在积极寻求新的办法。

造纸术

改进工艺，大力实施清洁生产，在治理源头、生产过程、末端污染等环节下功夫；坚决贯彻"全面停止天然林商业性采伐"政策，加大桉树、杨树等速生林的人工种植，或者直接进口商品木浆，解决原材料短缺问题，中国造纸业正在积极转换思路，努力以新的循环经济革命，实现绿色发展的使命。

造林、制浆、造纸，造纸企业将产业链上的三个

"前人栽树，后人乘凉"的模式不再！今天中国的造纸业提倡"每用一棵树，先种六棵树"！

9 低碳造纸

环节一体统筹，整合发展，以林养纸，以纸促林，不再是他人只管造林而我只管用木材的模式。"林浆纸一体化"，断绝造纸企业对林企过度依赖，特别是较早就开始植树，现已树木林立的造纸企业，不仅具备了强劲的先发优势，实现原材料的自给自足，而且通过植树造林，为国家"绿水青山就是金山银山"的可持续发展战略和碳中和目标付出了实际行动。

中国是造纸古国，在造纸业相当发达的新时代，中国的造纸术新革命，必将使中国成为造纸强国。

结束语

结绳画壁积贝，

造字功推仓颉。

古人记事甲骨皮，

捉刀劳神费力。

创新承载工具，

渔网麻头破衣。

蔡侯革鼎造纸技，

文明进阶拾级。